U0683382

建筑·室内·景观

手绘表现精选2

中国建筑学会室内设计分会 编

中国水利水电出版社
www.waterpub.com.cn

内 容 提 要

　　手绘是设计师传达设计理念、表现设计效果的最为快速的方法，快速准确的手绘不仅可以帮助设计师加快设计构思的进程，还是一种与业主或客户有效沟通的手段。中国建筑学会室内设计分会已经连续举办了多届"中国手绘艺术设计大赛"，本书将2011年获奖作品予以整理分类，尤其对一、二、三等奖予以重点点评和展现，以供设计师交流参考。

　　本书可供高等院校设计类专业师生、设计类专业人士参考借鉴。

图书在版编目（CIP）数据

建筑·室内·景观手绘表现精选. 2 / 中国建筑学会
室内设计分会编. -- 北京 : 中国水利水电出版社，
2011.11
　　ISBN 978-7-5084-9135-6

　Ⅰ. ①建… Ⅱ. ①中… Ⅲ. ①建筑艺术－绘画－作品
集－中国－现代 Ⅳ. ①TU-881.2

中国版本图书馆CIP数据核字(2011)第222058号

书　　名	建筑·室内·景观手绘表现精选2
作　　者	中国建筑学会室内设计分会　编
出版发行	中国水利水电出版社
	（北京市海淀区玉渊潭南路1号D座　100038）
	网址：www.waterpub.com.cn
	E-mail: sales@waterpub.com.cn
	电话：（010）68367658（发行部）
经　　售	北京科水图书销售中心（零售）
	电话：（010）88383994、63202643、68545874
	全国各地新华书店和相关出版物销售网点
排　　版	北京壹东视觉广告有限公司
印　　刷	小森印刷（北京）有限公司
规　　格	210mm×220mm　20开本　8印张　178千字
版　　次	2011年11月第1版　　2011年11月第1次印刷
印　　数	0001—3000册
定　　价	39.00元

8.26, 2011, 北京
手绘大赛评选现场

序

　　由中国建筑学会室内设计分会举办的中国手绘艺术设计大赛今年已是第八届了，我们欣喜地看到，这一赛事每年都有新的长进和发展，参赛者的人数和作品数的增加，这是可以量化的最好见证，尤其是在校学生群体的踊跃参与，给这一赛事增加了新的活力。不论这些作品水平的高低，只要参与了，使学生在学习阶段就容纳到社会实践中去体验和锻炼，就是好的。这要感谢各院校的专业老师的引导和组织。

　　其次参赛的作品分类与以往有些区别，增加了手绘设计类，将手绘艺术表现与设计实践紧密结合在一起，这应该是我们举办这一活动的初衷。手绘技法为创意、为设计服务，跟纯电脑表现图比较，有它的独到性和美的享受，行业内的人会更喜欢。

　　最后，总体来讲参赛作品水平高的较多，无论是建筑室内组还是学生组，尤其是比较优秀的作品，很集中，几个评委一眼就看中，因此，评审过程中对入选等级奖的作品没有过多的分歧和争论，相对集中，一致通过。这次对获等级奖的作品仍由各位评委分别撰写了评语，以增加作品集的可续性。

　　中国水利水电出版社为这本图书的出版费了心血，从排版、编辑，以及价格定位，都是考虑到薄利多销，真正做到为读者服务，在此表示感谢。

　　明年这一赛事还将延续，可能奖项的设置有些调整和扩大，期待手绘爱好者继续积极参与。

劳智权

2011年10月

目录

序

手绘设计范例讲解 *P1*

学生组

a

手绘设计范例讲解

引言

手绘技法并非单纯的技术应用，而是经过高端的理性推敲，赋予尺度感、空间感。是人类生活逻辑的灵动的前期表现手段，它等待开拓更宽泛的表现形式，进而承载设计师无限的智慧，开创人类的未来。

范例一：沈阳市长白岛二号桥建筑形象创意之《水上方舟》徒手表现步骤。

表现手法：水彩、马克笔综合技法。

步骤一：

① 创意结构线搭建，追求空间立体经营及线的准确性。

步骤二：

② 透明水彩湿画法为主，本步骤渲染空间气氛、营造主体氛围。

步骤三：

③ 以干画法表现夕阳下的暖色主体，着重光源色的表现。

步骤四：

④ 主体建筑刻画，突出体积。用水彩表现出建筑明暗及冷暖关系，并结合马克笔强化建筑的转折部分。

步骤五：（上页大图）

⑤ 马克笔刻画细部，修正液提取高光后水彩罩光源色，调整画面整体关系，标注创作日期。

范例二：随意草图，可记录创意思想和瞬间即逝的想法。

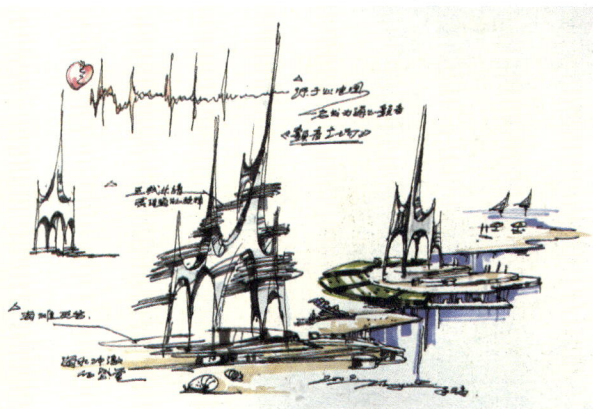

注：思维活动和笔触灵动间的图形，好似医学中的心电图。

绘制感言：草图是创造经典的根基。其境界是灵感中大脑的思迹，恰如思想的心电图。

表现要点：笔如心灵的触针，是工程案例中给甲方讲解方案时与思维同步的表象，多数为临场发挥与思想链接，有时难兼顾图面诸多因素，笔行随意。

范例三：沈阳长白岛二号桥建筑形象创意草图多视角分析手稿之一。

表现手法：钢笔、马克笔综合技法。

本方案为序列钢笔草图，以思路连贯为主，记录对主体结构的搭建，采用便捷的马克笔加以完善进而突出设计思想。手脑合一，保持灵动的笔触，笔随意行、令画面充满感召力。

表现要点：着色前思考场面整体色彩基调，选色种类不宜过多，追求由感而发，保持投入的状态再现创意。

注：思考素描因素及色彩原理在图中的作用，使表现效果更加完善，突出创意思想。

范例四：临水城堡外立面创意效果图（第4、5页）。

绘制感言： 好的创意表现像经典乐章，舒缓有序，充满感染力，让观者的思绪随之而动。

表现手法： 水彩、水粉、马克笔等综合技法。

表现要点： 本图突出了建筑主题形态，略加水粉点缀并以马克笔强化，大篇幅地表现，追求的是视觉冲击。力求作者的设计思想和观者的审视思想产生共鸣，取得一致，达成共识。综合技法在完善设计思想，尤其一些大型工程及国际标段突显出宽泛的表现力，是重量级的表现技法。

本图是鲁迅美术学院 环艺系"金石滩发现王国工程实例"手绘国际竞标中标作品，是在一轮投标中起到重要作用的组图之一。

本图图面篇幅较大，投标时间紧迫，一气呵成，耗时六个小时。大量运用了水彩技法对天空做充分渲染，追求天空的空灵感。是时间、技法，材料与状态相容的表现过程，是创意映像不可取代的表现形式，是记录空间气氛的最佳表现媒介，是无形中的有形，呈现出的空间效果灵活多变。水彩的细腻性与奔放性并存。

结束语

　　手绘是设计师灵感的痕迹，是使思想具象的技能之一，是让灵感着陆的手段。设计师手中的笔犹如心灵的触针，赋予神经触摸着无尽的表现世界。

（作者：任宪玉，鲁迅美术学院）

建筑室内组

评 该组黑白手绘草图，客观记录了办公空间构思创意概念整个过程。一系列返璞归真趋向自然的构思构图孕育而生。线条轻松、朴素和流畅，不仅用草图完成了创意空间构成表现多种可能性，还在草图的表现细节与图纸节点上有详细描述。用钢笔草图进入空间透视，关注所表现的质感，并以钢笔素描手绘，交代创意空间各个"看点"。侧面油画的疏密和虚实对比，顶面圆木梁的黑白线条的空灵与内敛对比表现等，其手绘充满了钢笔画的粗犷与细腻、节奏与气韵、趣味与内敛。

二等奖
辛冬根
风行设计

2nd

2nd

二等奖

辛冬根

风行设计

Popular design office

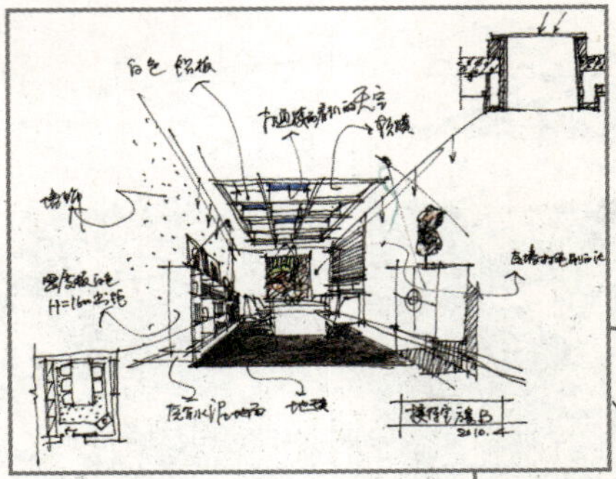

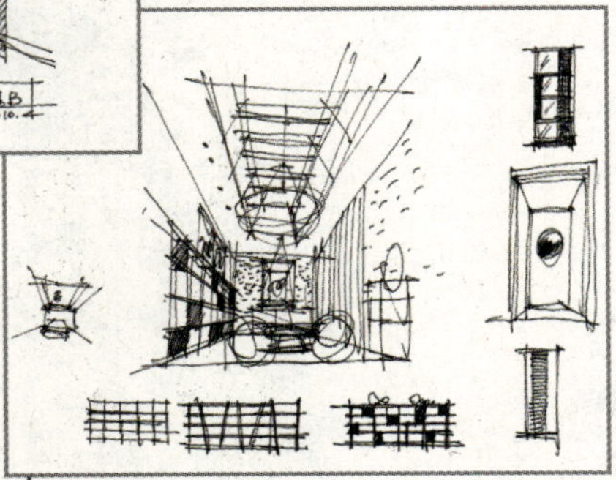

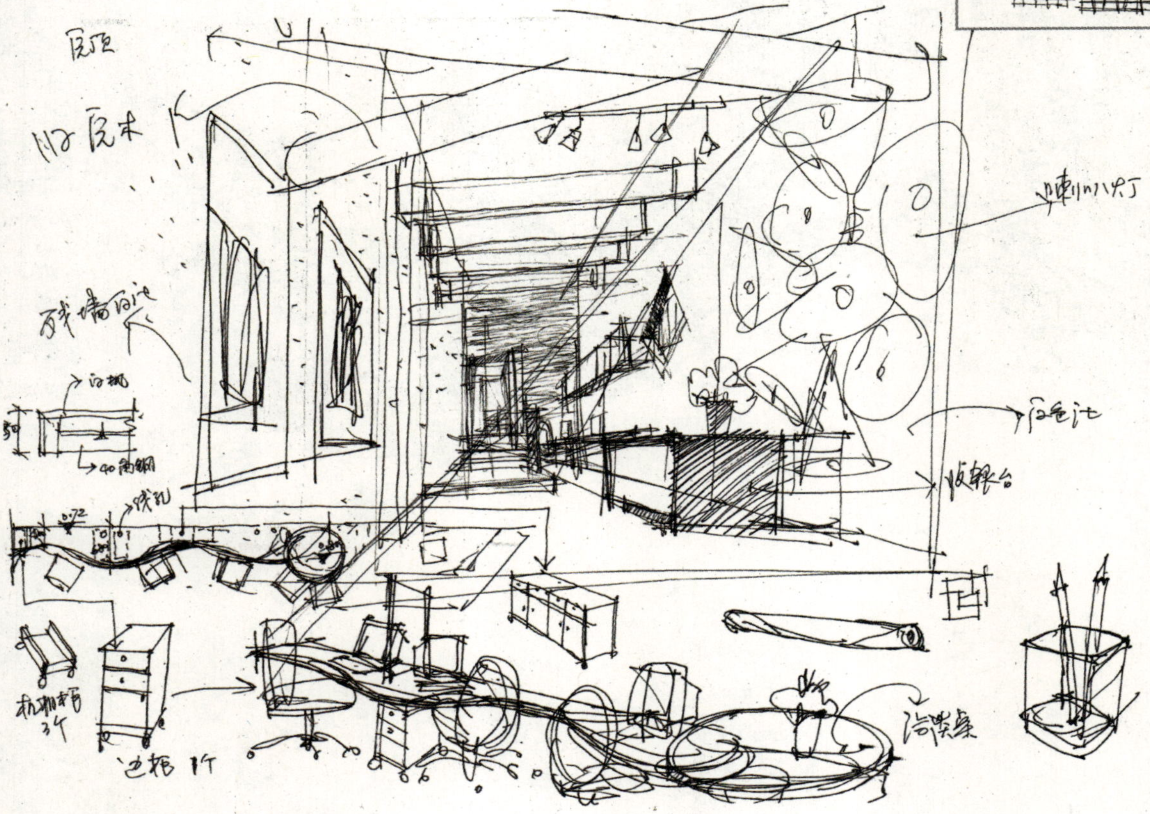

展览空间

内景空间

平面图

作品一

剖立面图

别有洞天

二等奖
薛东辉
河北建筑设计研究院
有限责任公司

2nd

二等奖
薛东辉
河北建筑设计研究院
有限责任公司

评 此组设计概念借用人类早期的洞穴空间概念来反映现代展厅，神秘的洞口蜿蜒曲折，洞穴顶面出现的圆洞，给人带来一种拨云见日的崭新体验。画法既写实而又夸张，甚至有仿远古人类的壁画风格，其画法颇有创意。

三等奖

刁晓峰
重庆市小鲨鱼手绘艺术工作室

陶艺师之家

3rd

3rd

评 《陶艺师之家》构思的钢笔淡彩，线条轻盈而灵动，色彩淡雅而透明。平面、立面、节点、浓缩大样图与空间透视草图的画得轻松自然，是草图表现不可多得的佳作。

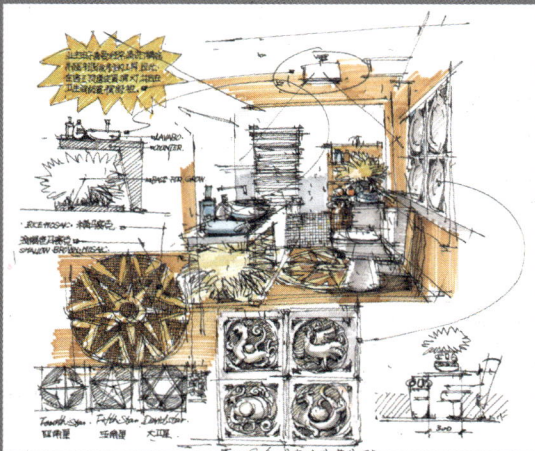

神垕镇钧瓷文化展示交流中心景观规划设计

评 此概念设计用黑白线条解读了陶瓷文化空间的独特性，并用图形和曲线表达空间的属性，放大夸张的陶瓷瓶、几何形的建筑展馆、仿仙人掌的大型装置艺术都让这个规划设计达到了一定创意，线条所到之处，干净利落，表现手法颇有装饰性。

▲ "瓷源"景观区唐朝钧瓷创始文化展示

三等奖

周雷

周口师范学院美术学院

3rd

▲ "新中国" 总理关怀复烧展示区

▲ "钧瓷" 工艺体验区

評 该会所设计构思导入竹、木、石、藤的自然材料，空间的编织与通透是本案的主旋律。表现手法成熟，色彩关系准确，中式会所氛围渲染层次分明，手法熟练。

3rd

三等奖
杨飞
贵州诺美建筑设计公司

"水调歌头" 会所设计

优秀奖
苑宏刚、王晓辉
吉林建筑工程学院艺术设计学院

2011时装展厅

honorable mention

优秀奖

冷焕良

秦皇岛

星艺装饰公司

新东方主义气质

优秀奖
杨飞
贵州诺美建筑设计公司

honorable mention

"大白鲨海鲜酒楼" 设计方案

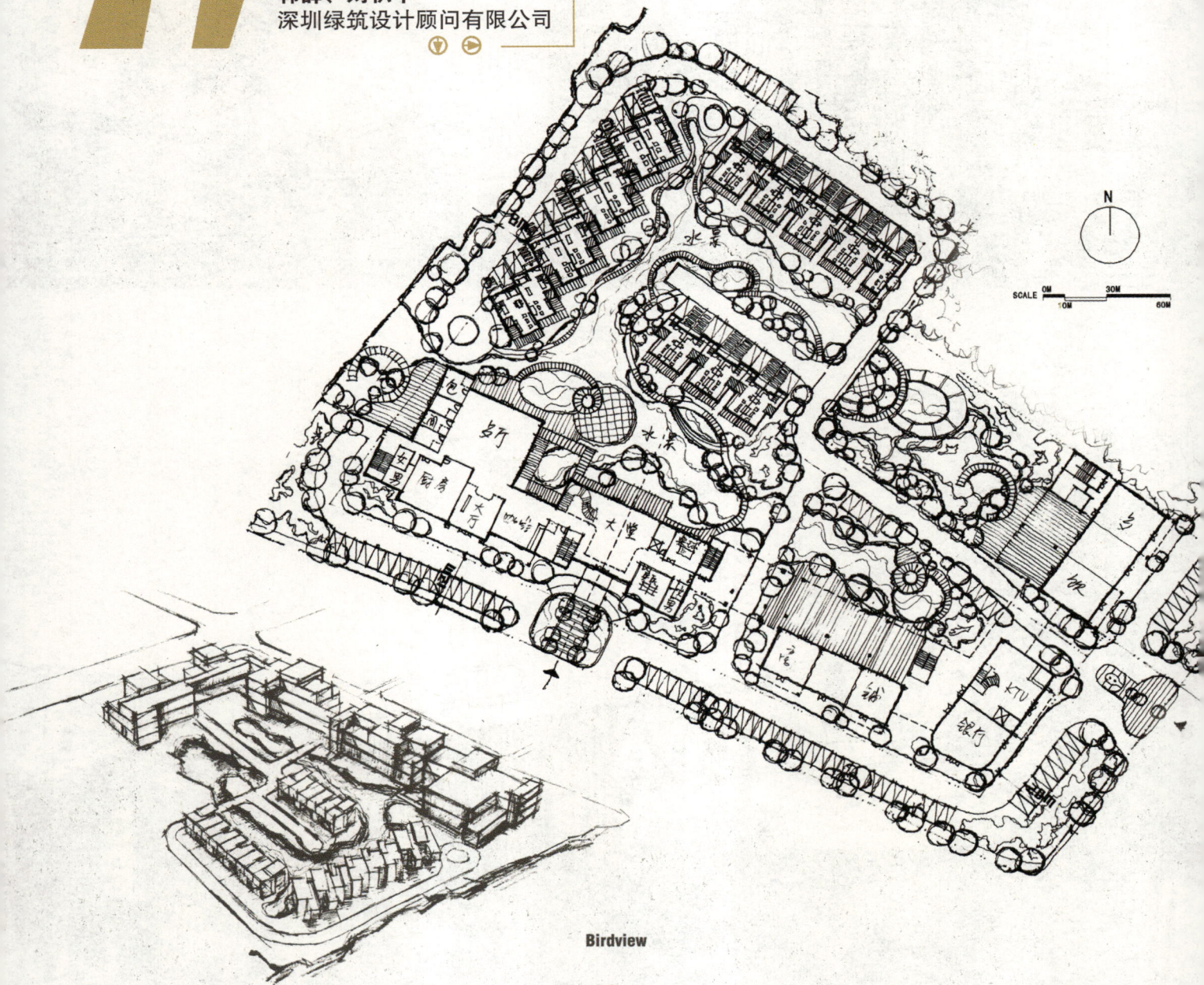

N

SCALE 0M   30M
    10M   60M

Birdview

THE ISLAND HOUSE

Club perspective 02

曼哈顿KTV

作品奔放的笔触渗透着作者的设计状态，画面表现手法有强烈的明度反差，充满了视觉冲击力，同时从画面也能看出作者多年积累后的自然流露和作者真实记录设计灵感。激动人心的真实笔触，没有作秀的意味。在21世纪这个才思敏捷的时代，要求设计师的手绘技能要与思想同步。手绘是思想的痕迹，是设计师思想的心电图。本图作者对手绘材料把握娴熟，对设计构思胸有成竹，灵动的笔触犹如空间中的电波，使画面充满了思想的外延。

一等奖
辛冬根
风行设计

1st

评 作品用色大胆，高纯度的红色充满了视觉冲击力，黑色调的衬托呼应着画面，隐藏着一种高级而含蓄的美感，可看出作者对色彩的理解有着一定的修养，视角的选择增加了画面表现难度，作品从构图、透视角度的选定都经历了一番思考。从画面表现元素上对设计方案的体现，有着升华创意的本质，显现出手绘是创意的载体，创意是手绘的灵魂。

2nd

二等奖
于健
辽宁师范大学美术学院

飞扬的色彩能承载着设计师的智慧和联想，作品的着色是一特点，给观者一种挥洒自如的感受，结构线的严谨表现了空间形态的尺度感，虽画面简单但说明了一种表现形式，同时拓宽了手绘表现技法的思路，也看出作者对手绘技法的研究和热衷，本组作品是有着一定技法发展导向意义的作品，在此提倡手绘的多种表现形式，传承到拓宽是手绘表现发展的方向。

会所设计方案草图

欧式室内表现

评 绿色是充满生命感及希望的色彩，多种材料的结合丰富了画面的层次，作品用笔朴实、笔触随意，对空间形体表现清晰，图面质感表现到位、技法得当，是较完善的、设计可行性思考较多的表现作品。

三等奖
李磊
天津艺绘设计工作室

3rd

3rd

欧式室内超写实

三等奖
周雅琴、刘宇
天津理工大学

此画面用写实手法来表现餐厅，不仅所画的家具和陈设很逼真，而且画得阳光而透气，尤其是对暖色系整体表现控制，可谓严谨中见轻松，家具材质质感的细致与顶面豪放笔触形成了有趣对比。色彩同类色的微差比较，尤其是色彩节奏与比较接近冷暖细微的处理，均有过人的技法和功底，如果不是临摹大师作品的话，堪称室内写实空间的精品。

三等奖
李海华
云南艺术学院设计学院

评 这幅作品是一幅很有个人风格的作品，整幅画面对空间形态的整理、色调及室内物件的把握都有着设计师自己的表现语言，同时能把绘画元素的修养提升到手绘表现层面上来，融入地自然、自信，在画面上形成了独特的艺术语言，是具有独创意义的好作品。

瓦杜兹葡萄园酒吧

H

honorable mention

优秀奖
孙虎鸣
长春工程学院

居住区景观设计表现图

零点（ZERO）时尚发型沙龙

honorable mention

优秀奖
李永生
中国环境管理干部学院

住宅室内表现效果

某宾馆室内空间手绘表现

英国爱丁堡CALTONHILL

优秀奖
孙洪
浙江亚厦设计研究院

honorable mention

建筑群设计表现

优秀奖
薛东辉
河北建筑设计研究院有限责任公司

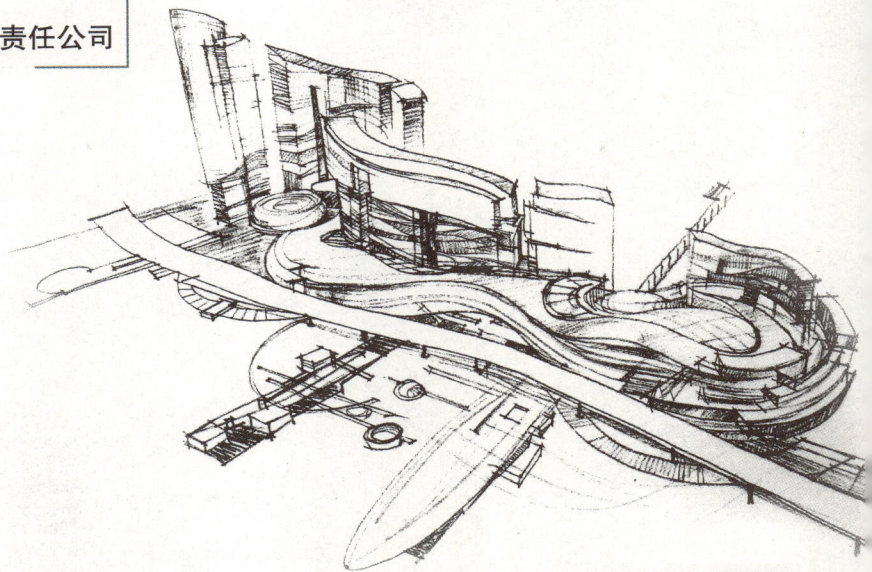

建筑草图艺术

整体画面生动简练，极赋艺术感染力且耐人寻味，超越了表达技法，将设计艺术和绘画艺术完美结合。

英国建筑速写

评 构图丰满生动，作品表现形式与表现内容极为贴切，虚实有度，施色巧妙，使得画面极赋感染力。

二等奖
孙洪
浙江亚厦设计研究院

2nd

二等奖

刁晓峰

重庆市小鲨鱼手绘艺术工作室

大地·光年

HOUSES ON STILTS IN GUIZHOU, PAINTED IT
WHEN THEY DO NOT WORRY TOO MUCH,
FOLLOW THE MOOD OF THE PAINTING CAN
DRAW SATISFACTION.

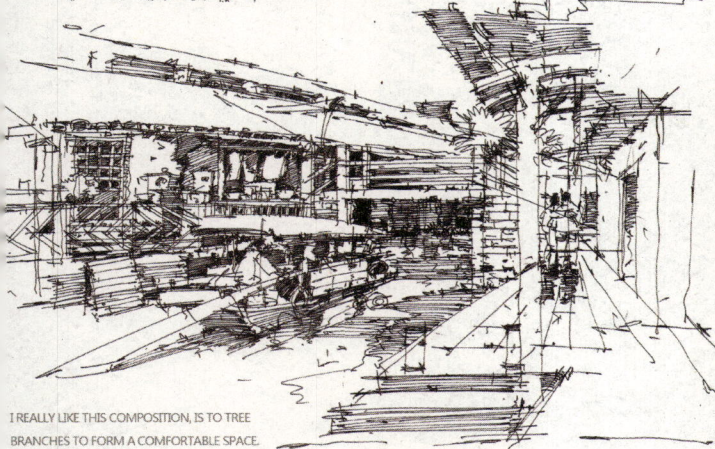

I REALLY LIKE THIS COMPOSITION, IS TO TREE
BRANCHES TO FORM A COMFORTABLE SPACE.

EVERY TIME OUT ON THE FAVORITE HORSE
CARTS AND THE LIKE PAINTING A SMALL LA
SCAPE SCENE, NOT TIME-CONSUMING, AND V
INTEFESTING, WHEN DRAWING THESE
GRAMS, THE MOOD WILL BE EXCEPTION
EASY AND ENJOYA

评 如果问设计师与画家在图面表达上有什么区别的话，那么这件作品明确地作出了回答，结构明确、线条利落、图面生动、细节精确，并将写生与设计草图完美结合。

ANGKOR WAT WAS ONLY SEEN IN PICTURES ONLINE, THIS TIME THEMSELVES ONCE, I FEEL
REALLY MAKES SENSE, NO WONDER SISTER LIN QINGXIA TOOK A PHOTO HERE.

THIS TIME I TOOK THE STUDENTS FROM SICHUAN, PASS THROUGH GUIZHOU, GUANGXI, THAI-
LAND AND CAMBODIA, AND THEN FLY BACK FROM THE SICHUAN NANNING, JUST 12 DAYS,
SO THAT STUDENTS FEEL VERY FRUITFUL, NOT ONLY UNDERSTAND THE LOCAL CUSTOMS, BUT
ALSO IN THE FORM OF HAND-PAINTED TO EXPRESS LIFE.

3rd

评 此作品紧密结合了建筑室内外设计，图感很强，但不失生动，线条活跃却不失严谨，技艺娴熟，可称设计草图之佳作。

建筑景观写生

2010. 6. 15

2010. 6. 21

3rd

国外建筑手绘写生

评 构图灵活、线条活跃、色彩明快、整体画面比较生动，并具有异国情调。

3rd

三等奖
刁晓峰
重庆市小鲨鱼手绘艺术工作室

龙海·尚栖

优秀奖
马长明
沈阳化工大学

H
honorable mention

手绘写生系列

11.3.25于苏州

优秀奖
赵杰
北京朗戈设计机构

圣彼得大教堂俯瞰

欧式建筑手绘综合表现

优秀奖

李磊

天津艺绘设计工作室

honorable mention

欧式古典别墅写生

邸锐
广州番禺职业技术学院
艺术设计学院

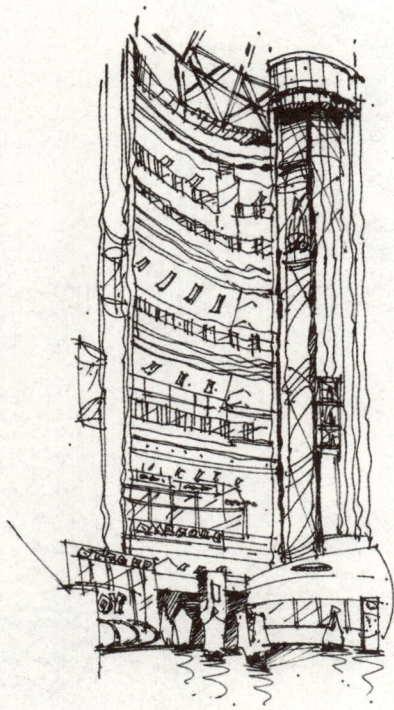

百佳商场室内建筑速写组图

一等奖
周宇晨
重庆市小鲨鱼手绘艺术工作室

1st

评 这幅作品非常好，构思与构图同等精彩绝伦，笔风和笔触潇洒飘逸，空间与画面层次分明，主题和背景相互衬托，唯一在排版方面稍满，排版也须留白，这幅作品获得一等奖实至名归。

山色·印象

评 这幅作品很优秀，从设计角度来说，对公园的规划理念到各景点的穿插设计都很巧妙，手绘表现也很到位，主题性很强，应用价值及艺术价值都很高。

滨海公园设计

梵音·禅语

評 这幅作品把东南亚迷人的风光与神秘的宗教文化表现得淋漓尽致，而且绘画笔法随性飘逸，透出不凡的人文价值观。

山韵

评 这幅作品非常不错，线条干净利落，版面清透整洁，造型设计简洁有冲击力，手绘非常见功力，色彩与空间都很有层次感。

三等奖
邹昆池
华南农业大学

3rd

KUN CHI 2011.4.2

3rd

三等奖
王丹
大连艺术学院

夜店酒吧设计方案

評 这幅作品对于酒吧的功能流线及风格形式研究得比较深入，手绘图也有较高的水平，看似随意勾画实则熟练准确，空间尺度与透视关系把握得恰到好处。

三等奖
邝振财
广东工业大学艺术设计学院

3rd

水晶涟漪——屋顶会所设计

評 这幅作品在功能设计及细节构成方面考虑得比较成熟，技术含量很高，绘画手法也比较认真严谨，各部分空间构图及透视准确清晰，但画面色彩及层次感可以再丰富些。

honorable mention

优秀奖
黄懿
苏州大学

院·系·班校园生活体验馆

相思湖花园

优秀奖
张碧辉
广西民族大学

honorable mention

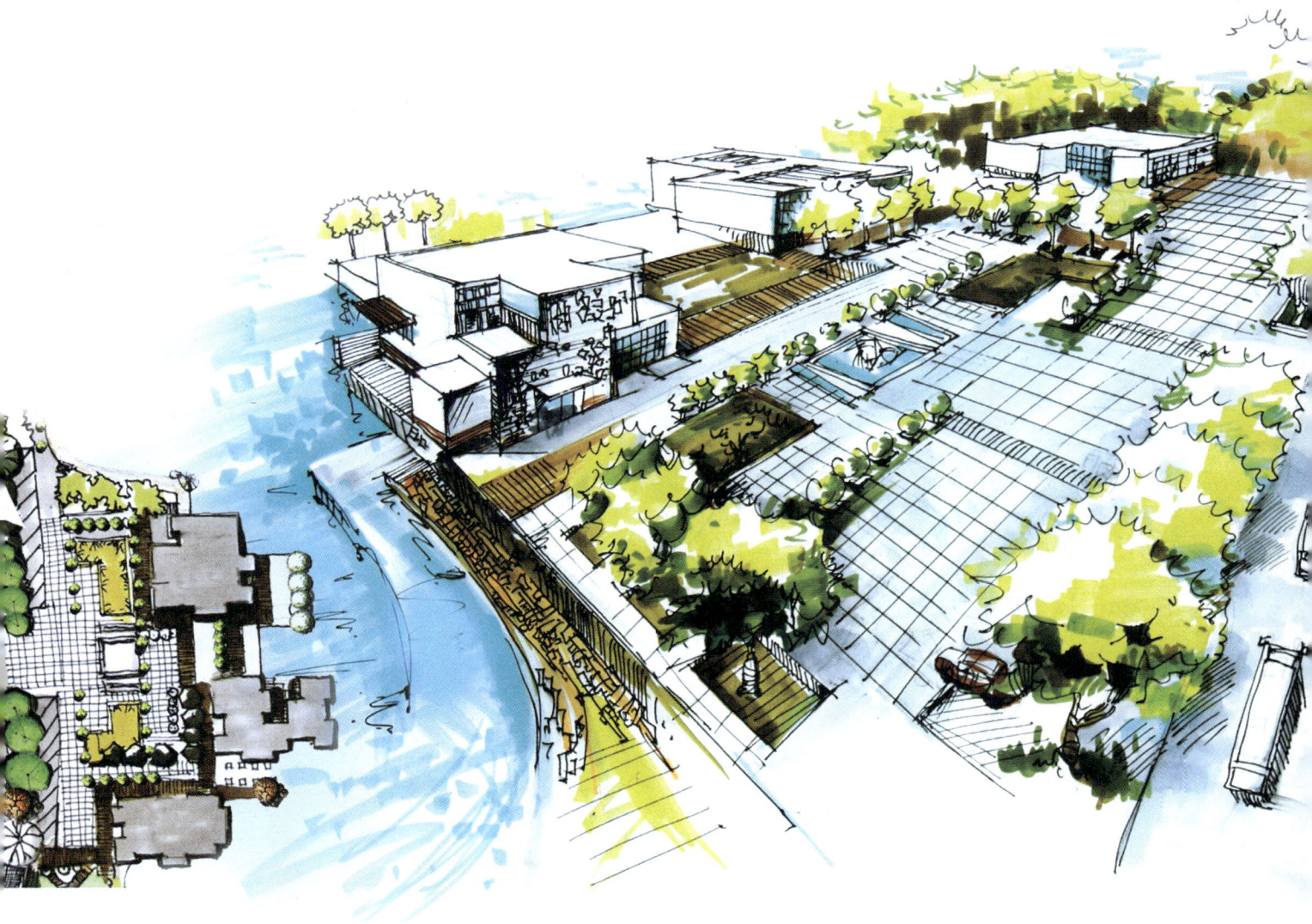

优秀奖
举白
华中科技大学

游客中心设计表现

优秀奖
蔡永康
无锡工艺职业技术学院

honorable mention

酒吧快题设计

H honorable mention

优秀奖
范晓玉
吉林艺术学院设计学院

水浒客栈

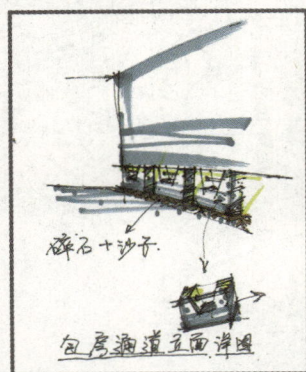

碎石＋沙子.

包房通道立面详图

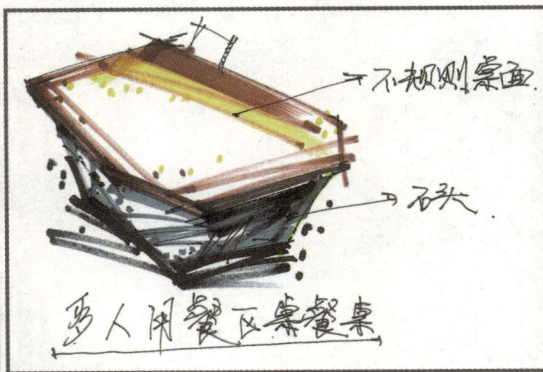

不规则桌面.

石头

多人用餐区桌餐桌

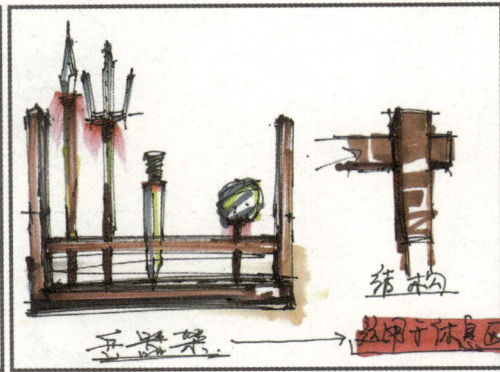

结构

适用于休息区

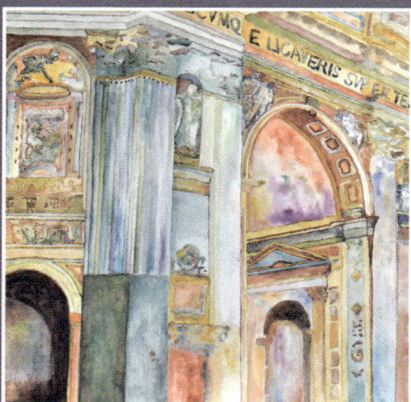

一等奖
宋雅春
天津美术学院

1st

宋雅春的作品透视准确，技法娴熟，笔触活泼，色彩清新，基本功扎实，总体呈现出较高超的表现能力。

新古典主义风格的芬芳

一等奖
宋雅春
天津美术学院

1st

2011~5.

评 虎良珊的作品以水彩技巧呈现，运用没骨画法，笔法灵活，色彩丰富，酣畅淋漓，画面生动感人，饱含激情，不失为一幅佳作。

二等奖
蒋路遥
天津理工大学

2nd

现代高层建筑设计

评 蒋路遥的作品以马克笔为主要技法手段，笔触肯定，能有效地将技法和结构、体积、光影有机结合，但在天空、色彩处理、细节等方面仍有提高的余地。

二等奖
宋雪娇
沈阳理工大学
应用技术学院

一街角

作品呈现出较为老道的技法能力，用线勾勒流畅，笔触活泼，色彩鲜明，较好地体现出马克笔技法的特征，但在透视、素描关系层面尚有欠缺。

评 作品追求水彩技法的表现力，尝试没骨的形式，进行大胆的实践，整体性较好，画面生动，场所氛围表现充分，但在细节和局部色彩处理方面不够完善。

二等奖
喻俊铭
云南艺术学院

2nd

西方街景

评 作品以细腻的笔法刻画形体，对水粉的驾驭娴熟，画面处理虚实得当，张弛有度，光感表现充分、生动，是一幅优秀的水粉技法作品，但在技法的实用性和效率方面略显不足。

二等奖
戴文
广西工学院

2nd

追忆·隐逸·诗意
——"演绎空间的生命"手绘表现

3rd

三等奖
李小梅
福建工程学院

下午茶

评 作品刻画细致、逼真，追求照片的效果，室内外关系处理微妙，画面感染力较强，但在生动性、空间物体层次等方面略显僵硬，细腻有余，灵性不足。

三等奖
冷炳照
武汉工程大学

3rd

都市里的风景

作品用硬笔勾勒的方式刻画城市空间，疏密得当，虚实分明，细节刻画精致，但在技巧运用方面尚有改进的余地，使画面增添些灵动的感觉。

3rd

三等奖
金磊
广西艺术学院

评 作品技法娴熟、实用，主次分明，色彩运用鲜明、强烈，素描效果较好，但整体刻画和细节处理显简单。

室内设计表现

三等奖
王小亚
云南艺术学院

3rd

评 作品以水彩没骨技法表现古典建筑，虚实层次清楚，色调处理有怀旧气息，画面整体效果完整，但局部细节稍显呆板。

黄昏

3rd

三等奖
黎泳、王弦
广西艺术学院

評 作品用硬笔勾勒的方式刻画城市空间，疏密得当，虚实分明，细节刻画精致，但在技巧运用方面尚有改进的余地，使画面增添些灵动的感觉。

室内空间马克笔快速表现

3rd

三等奖
田荣辉
辽宁美术职业学院

評 作品自身有特色，具有些许装饰意味，在色调运用和细节刻画方面亦有一定思考，不流于形式和既有经验，虽然有不足之处，但值得鼓励。

地中海风情别墅系列

陈家祠，别墅

优秀奖
邝振财、杨英辉、黄嘉钧
广东工业大学

honorable mention

酒吧·格调

优秀奖
王思文
山东工艺美术学院

H
honorable mention

融合

欧式经典书房

优秀奖
刘庆
山东工艺美术学院

honorable mention

镜水

优秀奖
曹巧弟
大连理工大学城市学院

建筑

休闲别墅设计

优秀奖
宁晓芳
天津理工大学

现代欧式室内设计

暮色下的建筑

优秀奖
田源
天津理工大学

honorable mention

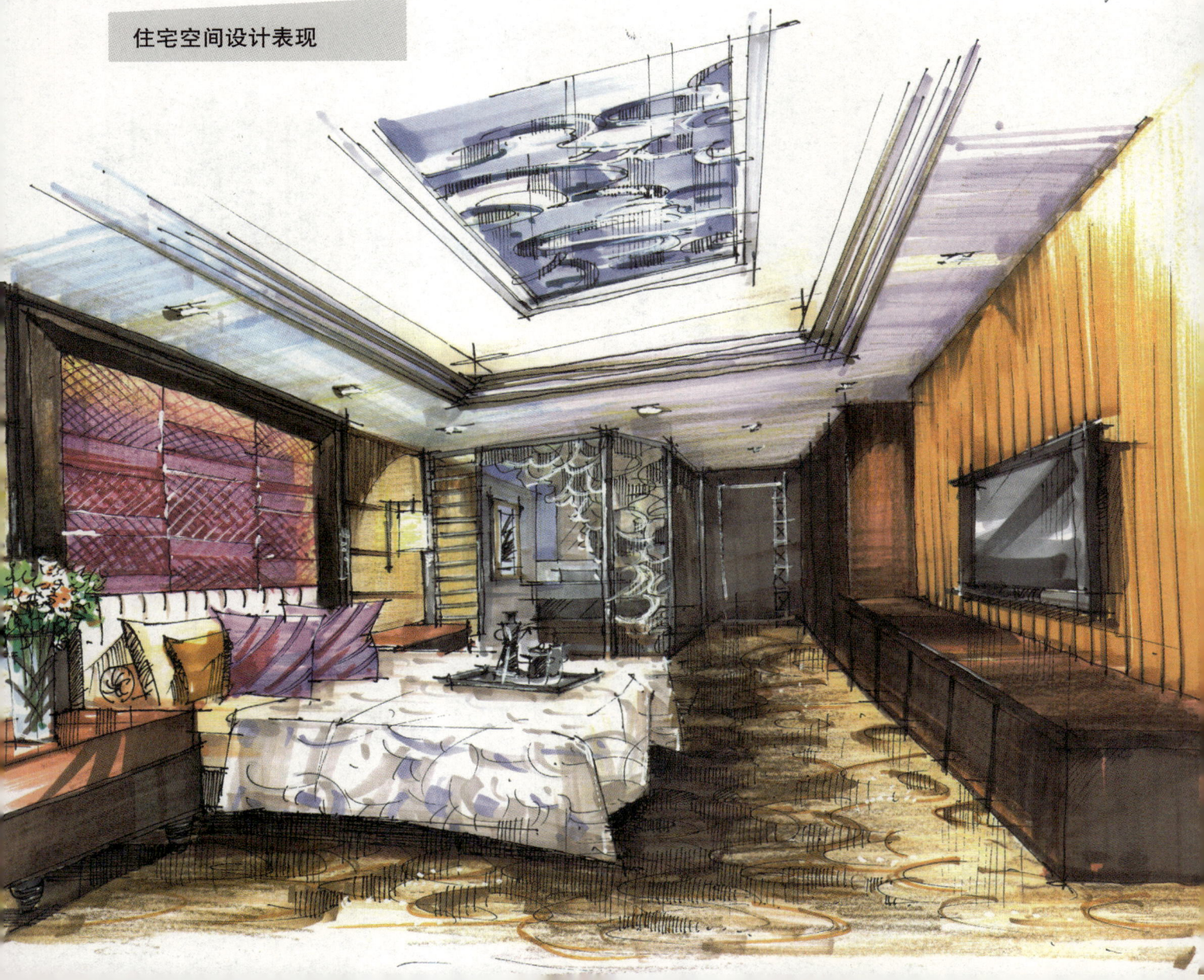

honorable mention

优秀奖
任晓学
天津理工大学

honorable mention

中式酒店套房设计

路口

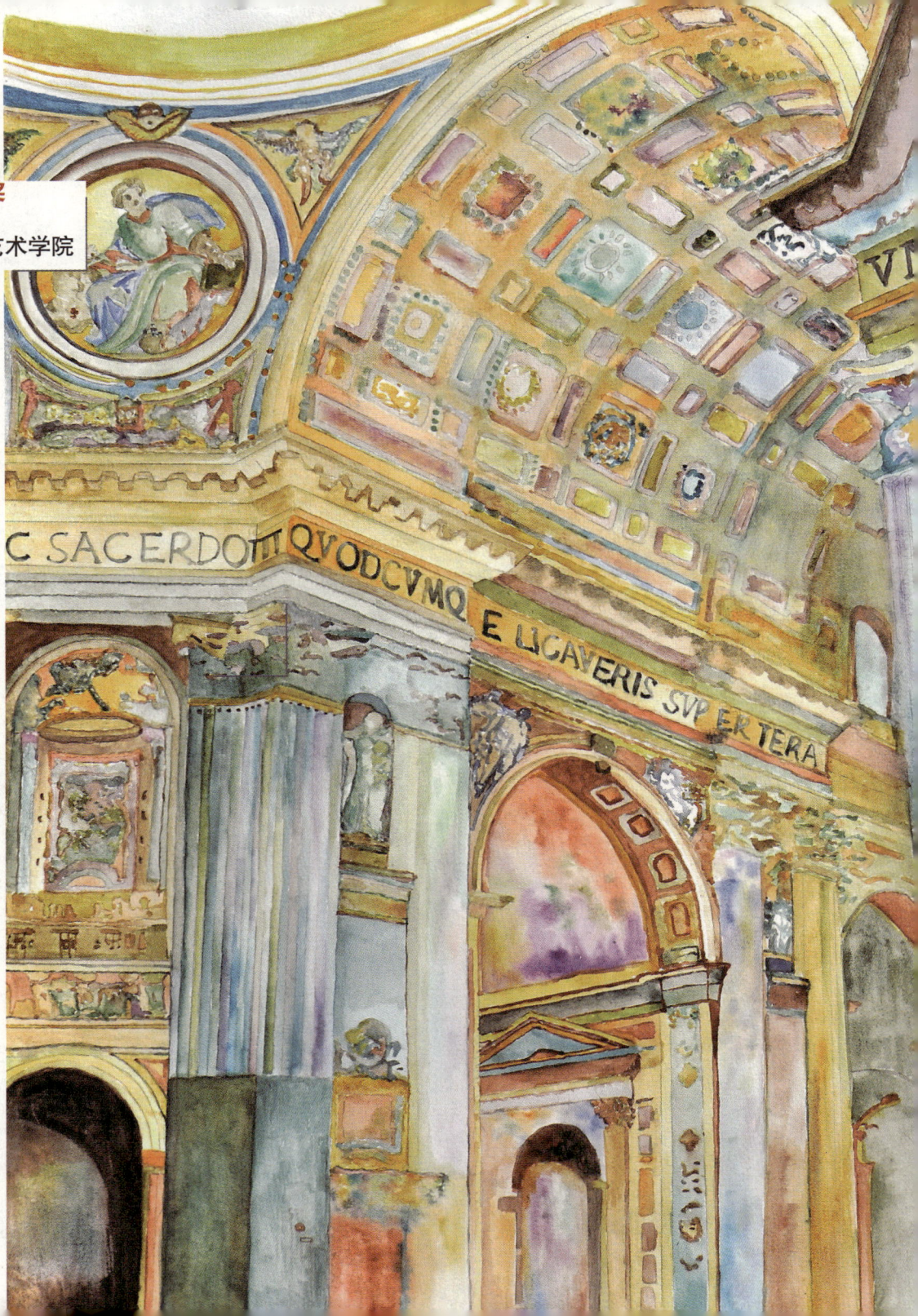

优秀奖
曹敏
云南艺术学院

西斯廷教堂

居室空间效果图

优秀奖
刘媛媛
鲁迅美术学院

沈阳SR新城家具样板间客厅

光·科学楼

一等奖
张涵煦
重庆市小鲨鱼手绘艺术工作室

沐光之城

评 该作品突出大赛宗旨，写生内容选题独特，突出民族建筑风情，多角度刻画了羌藏民居的建筑，充分体现了专业性的训练目的，作者运用了马克笔、彩铅等综合表现技法。对每组画面的表现元素掌控严谨、构图合理、透视准确，从画面看出作者有较强的绘画功底，并在素描上有着扎实的基础，在色彩表现上有着一定的修养。相信该同学是一名有着发展前景的手绘表现设计师，特此鼓励。

一等奖
丁秀娜
云南艺术学院

评 水彩是最具表现力的画料，该作品在本次大赛（写生类）中画面效果突出、技法熟练。色彩的把握、水味儿的运行，以及干湿处理与画面景物浑然结合，体现出水彩表现的特点。作品忠实于客观景物，从画面中看出作者在作品背后所下的功夫，在此也提倡手绘同行们在手绘效果图训练之余多画一些水彩，这是提高手绘表现力的好方法。

古镇

施德楼·钢笔的回忆

二等奖
周先博
重庆市小鲨鱼手绘艺术工作室

評 作品线条成熟流畅，从几组画面来看，各种表现元素思考周全，就画面而论是一组很完善的作品（但电脑合成的效果冲淡了手绘的本质），作者扎实的基本功及线的表现力、景物的布局充分体现了对建筑的理解，从辅助物、车船的造型，到生动的人物表现，使画面生气盎然。

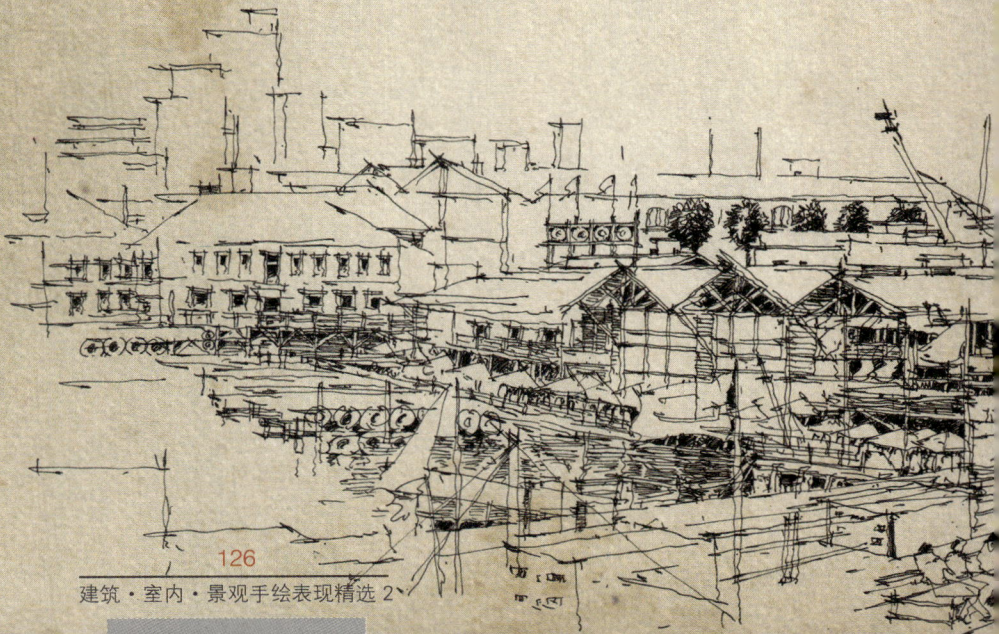

施德楼钢笔的回忆

BASIC SPATIAL CON

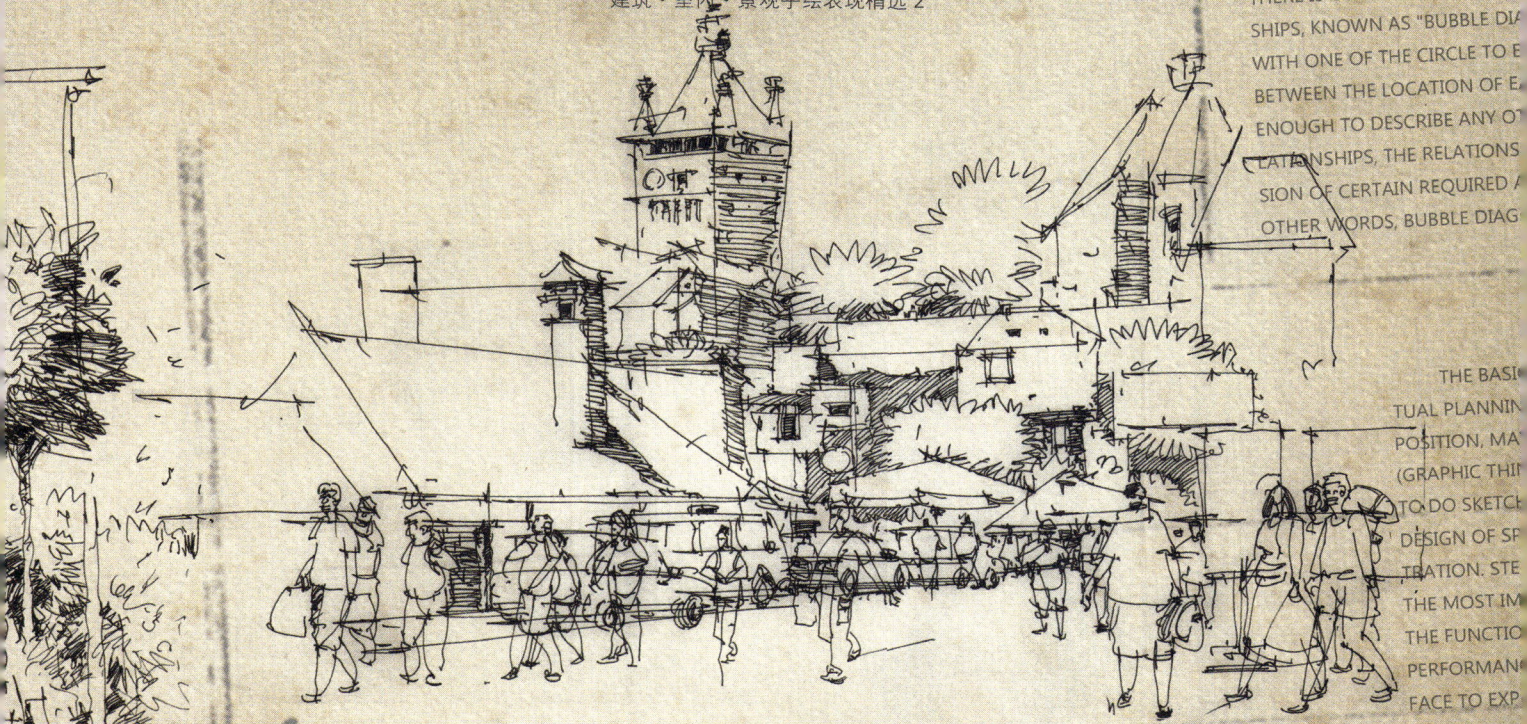

THERE IS USUALLY A GROUP OF
SHIPS, KNOWN AS "BUBBLE DIA
WITH ONE OF THE CIRCLE TO E
BETWEEN THE LOCATION OF EA
ENOUGH TO DESCRIBE ANY OT
LATIANSHIPS, THE RELATIONS
SION OF CERTAIN REQUIRED A
OTHER WORDS, BUBBLE DIAG

THE BASI
TUAL PLANNIN
POSITION, MA
(GRAPHIC THI
TO DO SKETCH
DESIGN OF SP
TRATION. STE
THE MOST IM
THE FUNCTIO
PERFORMAN
FACE TO EXP

THE FUNCTIONAL RELATIO
SUCH AS "SPACE MATRIX (SPAC
MATRIX)" MAY BE ALL THE SPAC
THE RELATIONSHIP BETWEEN O
SPACE (NEAR THE CLOSE OF TH
AND ACTIVITY LEVEL) TO DIFFE
SIZE OF THE DISPLAY OF   IT
THEN A BUBBLE CHART WOULD
QUIRED SPACE TO MAKE A BAS
NON-DIRECTIONAL LAYOUT. T
THE ABSENCE OF ANY ENVIRO
CLIMATE, BEAUTY AND PHILOS
CONSIDERATIONS, SO DESIGN
CONCENTRATE ON THE MOST
AND IMPORTANT FUNCTION
THE CLEAR RELATIONSHIP BE
ANALYSIS AND PUT FORWAR
SONABLE SOLUTION.

2nd

二等奖
王玉龙
重庆市小鲨鱼手绘艺术工作室

泊

该作品在大赛中作为"行走的建筑"入选，写生立意特别，对主体形态、透视把握准确，结构线熟练、主次虚实分明，色彩和谐，船体及构件刻画入细精到，马克笔用笔着色恰到好处，是一组以手绘表现为前提的优秀作品。

D445P

二等奖
王玉龙
重庆市小鲨鱼手绘艺术工作室

风景

二等奖
曹巧弟
大连理工大学城市学院

2nd

評 高度的写实作品实乃下了很大功夫，其态度让人关注，写实作为写生训练的特有角度，是一道应有的环节，同时扎实的基本功来源于尊重客观和自然，作品以源于生活，高于生活为铺垫。作为手绘技法前期训练，从构图到透视，尤其写实深入程度和质感的表现实为佳作。

2nd

二等奖
陈斌
福建工程学院

评 本作品表述了湘西风情。马克笔的刻画，使画面充满专业特征，一点透视的角度使古巷无限延伸，让观者感受那悠远的历史和我国多民族多风采的文化韵味。实体空间写生是手绘课程的重要环节，在此提倡同学们大量写生以提高手头表现功底，同时加深对实际空间尺度感、质感的理解，以避免设计的纸上谈兵。

古巷深深
——湘西凤凰写生

三等奖
郭倩芸
西安建筑科技大学

3rd

古城印象

评 这是一幅通过马克笔、彩铅来表现传统建筑的作品，造型准确，古建筑特点突出，对画面疏密关系取舍有序，使画面产生对比美，线条运用不同的表现手法，以表现不同的形态。马克笔、彩铅着色与结构线结合得恰到好处。

本作品以平视角度刻画极具特色的异国建筑屋顶造型部分，作者以轻松快捷的线条勾勒出独特的造型，线的运用没有刻意性。色彩纯度较高，多为对比色、补色，使画面响亮明快，是一幅不失轻松，随意感较强的作品。

建筑和灵动的色彩

三等奖
赵龙
昆明理工大学

3rd

三等奖
黄立松
福建工程学院

3rd

凤凰古韵

该作品场面较大，画面控制的较为理性，建筑物的分析、刻画很入细，画中山体与建筑主次有序，山间植物层次分明，体现出扎实的素描基础。第二幅作品，从古城墙远近推移上运用了素描的大虚大实，近处墙面的肌理处理和远处城墙的蜿蜒形态形成对比，使画面充满韵律，表现手法采用钢笔及部分马克笔，结合微妙，笔触优美，丰富了整幅画面，体现了作者扎实的绘画功底。

三等奖
刘同平
华中科技大学

3rd

评 该作品视觉冲击力很强，大的色块关系合理，画面形态完整，虽然用笔笨拙，但充满探索精神。

彩铅画：从结构刻画、着色到高调处理，控制得当。

水彩画：透视准确，建筑结构表现清晰。水彩干湿画法的结合使画面的空间感、光感表现出良好的效果，其柱脚砖面质感的表现在画面整体关系中突出了细节，是一幅较完善的作品。

光务风情街映像

3rd

评 作品表达刻画的主体物突出，画面主次分明，构图透视俱佳，笔墨表现力极强，用线的疏密关系对比有序，对不同形态运用不同笔法，建筑的挺拔、植物的自然形态表达得恰如其分，是一幅较完善的作品。

场景记忆123

晋云古村落写生

优秀奖
刘义
浙江工商职业技术学院

H
honorable mention

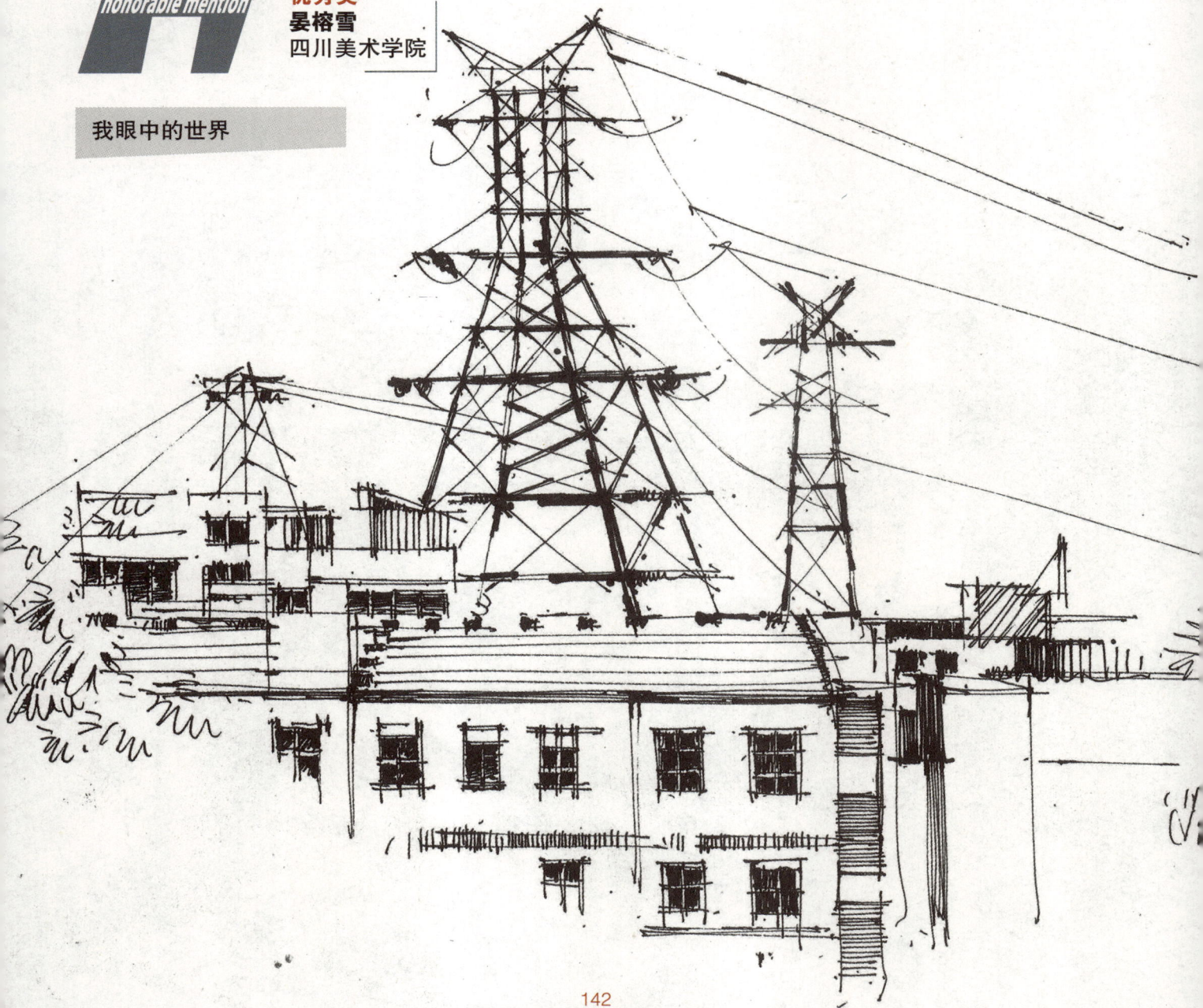

广西三江侗族民居写生

优秀奖
黄磊
广西艺术学院

贵州西江千户苗寨写生

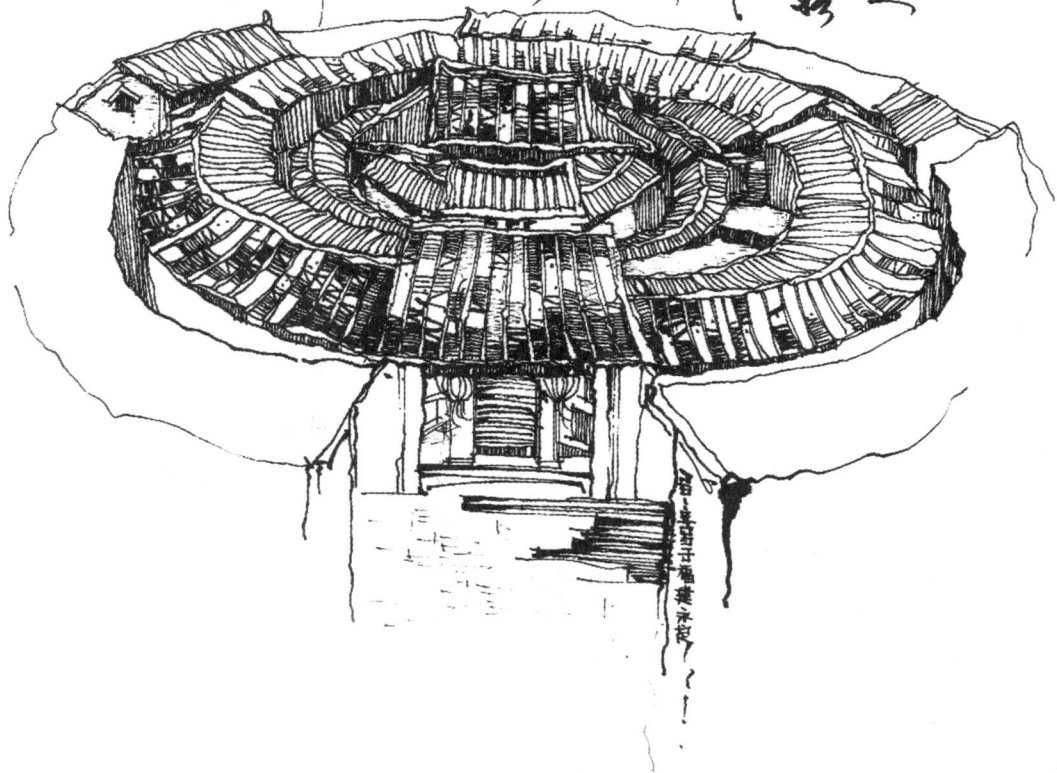

苏州园林

客家土楼

优秀奖
黄守成
福建工程学院

honorable mention

室外

手绘设计的评判

本届中国手绘艺术设计大赛收到千余幅作品，比2010年递增30%，可见通过连续八年的手绘竞赛活动，显然获得了广泛意义上的认可和传播，手绘艺术设计的创意与表现理念也日益深入人心。

此次手绘艺术设计大赛给我印象最深的：一是高校在校生报名参赛踊跃，表现技法较之去年有明显的提高；二是手绘写生类作品表现和概括"意境美"有所增加，手绘写生语言丰富多彩；三是手绘运用设计导入创意概念的作品也越来越多，尤其是用手绘直接进入方案类，实施表现效果的一些手绘作品也令笔者眼前一亮。手绘为设计服务的发展趋势在本届大赛上也得到证实。这一切都得益于CIID学会举办手绘大赛的坚持不懈。

对于手绘艺术设计大赛的评判标准，大赛组织方和评委会始终坚持公平、公开和公正的原则。对作品的评选要求，随着每年手绘大赛参赛者逐年递增和手绘水平的提高，评判标准也在做不断的调整。

比如说对学生参赛表现类的，不仅要看手绘艺术的综合表现技巧，同时还会关注学生在手绘刚进入空间方案类的概念导入，强调创意层次和主题方向表达。主要用意是检测学生手绘运用和操作能力，这关系到他们毕业的归宿是否能顺利找到专业对口的工作，我们每年举办手绘大赛的目的也不能偏离这个方向。

从高校培养人才目标角度和提倡业界用手绘设计的推广意义上说，我们评判的标准也会倾向手绘艺术表现和手绘设计创意，这也许是未来手绘大赛最值得关注的新闻之一……

其次，是手绘大赛倡导让更多的参赛者，重视设计利用和运用手绘如何结合市场需求、客户需求做出最具创意的设计导入概念。也就是说我们的手绘艺术设计除了纯收藏、展览和教学研讨功能外，手绘最终要像当下的电脑效果图那样被业界普及，逐步做到手绘设计方案效果能够以崭新的面貌说服客户，打动客户，最后由客户自愿为手绘"买单"。

我们欣喜地看到，本届大赛建筑室内组有不少获奖的手绘设计创意作品，有幸进入笔者这样的期盼……

祝愿我国的手绘大赛一年比一年有进步，一年比一年有号召力，一年比一年有评审权威性。

特约资深设计评论人　满登

2011年10月